居民安全健康科普丛书

电磁应用与防护手册

北京市劳动保护科学研究所　编

中国劳动社会保障出版社

图书在版编目（CIP）数据

电磁应用与防护手册/北京市劳动保护科学研究所编. -- 北京：中国劳动社会保障出版社，2017

（居民安全健康科普丛书）

ISBN 978 - 7 - 5167 - 3362 - 2

Ⅰ.①电… Ⅱ.①北… Ⅲ.①电磁辐射-防护-手册 Ⅳ.①X591 - 62

中国版本图书馆 CIP 数据核字（2018）第 023246 号

中国劳动社会保障出版社出版发行

（北京市惠新东街 1 号　邮政编码：100029）

*

北京华联印刷有限公司印刷装订　　新华书店经销

890 毫米 ×1240 毫米　32 开本　2.75 印张　82 千字

2018 年 1 月第 1 版　　2018 年 1 月第 1 次印刷

定价：15.00 元

读者服务部电话：（010）64929211/84209103/84626437

营销部电话：（010）84414641

出版社网址：http://www.class.com.cn

内容简介

　　本书为"居民安全健康科普丛书"之一，主要介绍居民在生活工作中可能遇到的电磁辐射问题，通过介绍电磁辐射的概念、来源、范围、标准、环境和影响，让居民进一步认识电磁辐射，并有针对性地提出有效的应对防护措施。

　　本书主要内容包括：电磁辐射及其相关概念和技术标准；极低频和射频电磁场、工作场所电磁辐射限值标准、电磁辐射防护限值与频率的相关性；电磁辐射对人体的作用机理、影响因素以及防护措施；极低频电磁场对人体健康的影响及防护措施；检测电磁辐射的仪器种类；广播电视发射塔、移动通信基站、高压输电线和变电站周边的电磁环境及防护措施；手机、儿童定位手表、无线路由器、微波炉、计算机、手机信号屏蔽器和其他电器的电磁辐射及防护措施；现代企业电磁辐射防护工作情况；需要做电磁辐射防护的工作场所及岗位；理疗室工作环境的电磁辐射及防辐射措施；电磁屏蔽原理与电磁屏蔽面料；电磁辐射防护服的选择；特殊人群的电磁防护等。

　　本书通俗易懂、图文并茂，特别适合作为普通居民了解电磁辐射基本知识、危害及其防护措施的科普性读物，也可供相关技术研究人员和管理人员参考阅读。

前　言

　　近年来，国家加大了对科普活动的支持力度。在《听取全民科学素质行动计划纲要实施情况汇报的会议纪要》（国阅〔2014〕10号）、《关于加强科普宣传工作的意见》（中宣发〔2014〕5号）等有关文件中指出：围绕社会广泛关注的热点问题，加大科普特别是应急科普宣传力度，及时解疑释惑，引导公众用科学的方法来认识问题，提高公众的科学认知水平和科学生活能力，提高科普报道质量。为实施《国家中长期科学和技术发展规划纲要（2006—2020年）》和《全民科学素质行动计划纲要（2006—2010—2020年）》而颁布的《关于科研机构和大学向社会开放开展科普活动的若干意见》提出了科研机构和大学利用科研设施、场所等科技资源向社会开放并开展科普活动，让科技进步惠及广大公众。

　　北京市出台的《落实全民科学素质行动计划纲要共建协议》《北京市科普基地管理办法》的措施，拟在扎实有效推进首都全民科学素质工作深入开展的基础上，继续推动科普基地建设，强化科普场所开放，提升科学传播能力。北京市在"十二五"科普规划研究中鼓励科研院所和社会机构加强面向公众的科技信息服务，加强与中央在京单位的合作，推动其科技成果进行科普转化，加强首都科普能力建设，大力推动科普惠及民生。北京市"十三五"规划建议倡导全民阅读，加强科普教育，弘扬法治精神，提高市民文化素养。

北京市劳动保护科学研究所是北京市公益型研究所和北京市科普教育基地，有责任和义务面向社会开展科普活动。现有的"国家劳动保护用品质量监督检验中心""北京市环境噪声与振动重点实验室""工业卫生实验室""电磁防护技术实验室"等实验室每年都向公众开放，开展以安全和环保为主题的各种形式的科普宣传活动。这些实验室在安全和环境领域从技术方法、措施和手段已经开展了多年研究，产出许多重要的科研成果。"居民安全健康科普丛书"以PM2.5、室内环境、应急与疏散、噪声、电磁为主题，符合时下百姓关注的热点。本套科普丛书力求以通俗易懂的语言，以图文并茂的形式向公众客观、科学地介绍PM2.5污染防治、室内环境的危害、面对突发事件的有效做法、噪声的危害与防治及正确地认识电磁等相关科学知识，希望能为公众了解、学习和主动参与预防安全事故、改善生活环境提供帮助。

编委会

2016 年 1 月

目　录

I

电磁辐射的
基本概念

第一篇

1 电磁辐射

变化的电场产生变化的磁场，变化的磁场又会产生变化的电场，变化的电场和变化的磁场共同构成了电磁场，电磁场在空间的传播形成了电磁波。电磁波的磁场、电场及其行进方向三者互相垂直，所以电磁波是一种横波。电磁波的振幅沿传播方向做周期性交变。

电磁辐射（electromagnetic radiation）是能量以电磁波的形式由源发射到空间的现象。任何用电设备运行时，在用电设备周边都会产生一定强度的单一或不同频率的电磁辐射场。广义地说，电磁辐射应该包括频率从 0 赫兹开始，以电、磁或者电磁波的形式传播的所有电磁现象。

频率，是单位时间内完成周期性变化的次数，是描述周期运动频繁程度的量，符号为 f。为了纪念德国物理学家赫兹的贡献，人们把频率的单位命名为赫兹，符号为 Hz。电磁波的波长指的是相邻两个波峰或波谷之间的距离。电磁波的波长与频率的乘积就是电磁波的传播速度，真空中电磁波的传播速度与光速（$3 \times 10^8 \text{m/s}$）相同。

用公式表示波长（λ，单位为 m）、波速（v，单位为 m/s）、频率（f，单位为 Hz）三者的关系则有：波速 = 频率 × 波长，或者波长 = 波速 ÷ 频率。

温馨提示

● 一切用电设备带电运行时都会产生电磁辐射，但不是所有的电磁辐射都会对人体造成伤害。

● 电磁辐射超过一定限值或产生累积效应时，会对人体健康造成伤害。

● 电磁辐射看不见、摸不着、听不到，人们是无法直接感知其存在的。

● 电磁辐射是不可避免的，但电磁辐射对身体的伤害可以通过采取科学合理的措施来避免。

● 孕妇、儿童是电磁辐射的敏感人群，应注意做好安全防护。

② 电磁辐射的来源

　　电磁辐射源一般分为自然电磁辐射源和人工电磁辐射源（也称为环境电磁辐射源）。

　　自然电磁辐射源是指自然环境中的电磁辐射源，如雷电、太阳黑子活动、宇宙射线、太阳风暴等。雷电产生的电磁辐射频率在 30 MHz 以下，太阳产生的电磁辐射频率主要集中在 10 MHz ~ 30 GHz。

　　人工电磁辐射源是指人们为了满足各种各样的生产、生活需求而使用的各类能产生和发射电磁能量的装置，如广播、电视发射设备，通信系统，雷达、导航系统，工业、科学和医疗设备，输电系统，电力牵引系统，家用电器等。

　　电磁污染是指天然和人为的各种电磁波的干扰及有害的电磁辐射。过量的电磁辐射就造成了电磁污染。生活中，电磁污染的传播途径主要有以下几种：

　　（1）空间辐射：当电子设备或电气装置工作时，会不断地向空间辐射电磁能量。

　　（2）导线传播：当射频设备与其他设备共用一个电源供电时，或它们之间有电气连接时，电磁能量就会通过导线进行传播。

（3）复合污染：当同时存在空间辐射与导线传播时所造成的电磁污染。

温馨提示

　　自然的电磁辐射和人工的电磁辐射强度相差很多。自然电磁辐射基本可以忽略。城市环境总体电磁辐射水平在逐年增加，主要原因有：变电站和高压输电线路距离居民区越来越近；城市轨道交通迅猛发展，在一定程度上产生干扰信号；城市的广播电视塔与居民区距离不断缩小；城市居民生活在移动通信基站天线的包围之下；家用电器种类繁多，放置在室内狭小的空间，可能会产生一定的电磁污染。

③ 电磁波谱

电磁波包括的范围很广，极低频、无线电波、红外线、可见光、紫外线、X射线、γ射线都是电磁波。按照波长或频率的顺序把这些电磁波排列起来，就是电磁波谱。

➤ 极低频：波长范围为 100 kkm ~ 100 km；

➤ 无线电波：波长范围为 100 km ~ 1 mm；

➤ 红外线：波长范围为 1 mm ~ 0.75 μm；

➤ 可见光：波长范围为 0.75 ~ 0.4 μm；

➤ 紫外线：波长范围为 0.4 μm ~ 10 nm；

➤ X射线：波长范围为 10 ~ 0.001 nm；

➤ γ射线：波长小于范围为 0.001 nm。

电磁波的各种应用：

➤ 极低频用于电力传输等；

➤ 无线电波用于通信、介质加热、广播和电视、导航、理疗等，其中微波用于微波通信、微波加热、干燥等；

➤ 红外线用于遥控、热成像仪、红外制导导弹等；

➤ 可见光是所有生物用来观察事物的基础；

➤ 紫外线用于医用消毒、验证假钞、测量距离、工程探伤等；

➤ X射线用于CT照相等医疗诊断、治疗等；

➤ γ射线在医疗上可用来治疗肿瘤，在工业上可用来探伤或流水线的自动控制等。

虽然人类自古以来就暴露在电磁辐射环境中，但是随着科技的发展和工业化进程的加快，人类在工作和生活中越来越多地使用电气设备，这产生了很多人造电磁辐射源，如高压线、微波炉、计算机、电视机、安检装置、雷达、移动终端设备、基站等。可以预见，随着互联网和物联网的发展和应用，环境中的电磁辐射水平还会不断提高。

根据无线电波的特点和用途，可对无线电频谱进行划分，见表1。

表1　无线电频谱的划分

频谱名称	频率范围	波段名称	波长范围	应用
甚低频（VLF）	3 kHz ~ 30 kHz	甚长波	100 ~ 10 km	潜艇通信、海上导航等
低频（LF）	30 kHz ~ 300 kHz	长波	10 ~ 1 km	通信、海上导航等
中频（MF）	300 kHz ~ 3 000 kHz	中波	1 000 ~ 100 m	广播、海上导航等
高频（HF）	3 MHz ~ 30 MHz	短波	100 ~ 10 m	通信、广播等
甚高频（VHF）	30 MHz ~ 300 MHz	超短波	10 ~ 1 m	通信、电视、雷达、导航等
特高频（UHF）	300 MHz ~ 3 000 MHz	分米波	100 ~ 10 cm	移动通信等
超高频（SHF）	3 GHz ~ 30 GHz	厘米波	10 ~ 1 cm	卫星电视、通信等
极高频（EHF）	30 GHz ~ 300 GHz	毫米波	10 ~ 1 mm	通信等

温馨提示

通常所说的电磁辐射主要指的是无线电波段和极低频率的电磁辐射，不包含红外线、可见光、紫外线、X射线和γ射线等的电磁辐射。由于X射线、γ射线等的射线辐射通常伴随着电离产生，故射线辐射也被称为电离辐射。与此对应，无线电波、红外线、可见光、紫外线等的电磁辐射也被称为非电离辐射。

电磁辐射有近区场和远区场之分，一般情况下，将距离电磁辐射源一个波长以内的区域称为近区场，距离一个波长以外的区域称为远区场。

通常把频率大于30 kHz的无线电频段的电磁波称为射频，大家使用的手机频段就是射频。把频率为 3 Hz ～ 3 000 Hz 的电磁波称为极低频电磁波，极低频的电磁辐射对公众健康的影响也是非常重要的，因为广泛存在的电力输电线、变电站等的频率就是 50 Hz。

　　不同频率的电磁辐射，对人体健康的影响也不同，应注意区分对待。

④ 公众电磁辐射暴露限值标准

　　我国的电磁辐射相关标准和规范中，被广泛使用的是《电磁环境控制限值》（GB 8702—2014）。该标准规定了电磁环境中控制公众暴露的电场、磁场、电磁场（频率范围为 1 Hz ～ 300 GHz）的场量限值、评价方法和相关设施（设备）的豁免范围，适用于电磁环境中控制公众暴露的评价和管理，不适用于控制以治疗或诊断为目的所致病人或陪护人员暴露的评价与管理，不适用于控制无线通信终端、家用电器等对使用者暴露的评价与管理。该标准中"公众暴露"的定义为：公众所受的全部电场、磁场、电磁场照射，不包括职业照射和医疗照射。

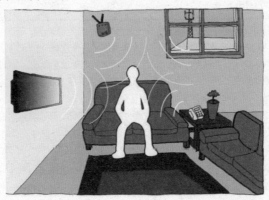

为控制公众环境中电场、磁场、电磁场水平，规定其应满足公众电磁辐射暴露控制限值，见表2。

表 2　公众电磁辐射暴露控制限值

频率范围	电场强度 E（V/m）	磁场强度 H（A/m）	磁感应强度 B（μT）	等效平面波功率密度 S_{eq}（W/m²）
1 ~ 8 Hz	8 000	$32\,000/f^2$	$40\,000/f^2$	—
8 ~ 25 Hz	8 000	$4\,000/f$	$5\,000/f$	—
0.025 kHz ~ 1.2 kHz	$200/f$	$4/f$	$5/f$	—
1.2 kHz ~ 2.9 kHz	$200/f$	3.3	4.1	—
2.9 kHz ~ 57 kHz	70	$10/f$	$12/f$	—
57 kHz ~ 100 kHz	$4\,000/f$	$10/f$	$12/f$	—
0.1 MHz ~ 3 MHz	40	0.1	0.12	4
3 MHz ~ 30 MHz	$67/f^{1/2}$	$0.17/f^{1/2}$	$0.21/f^{1/2}$	$12/f$
30 MHz ~ 3 000 MHz	12	0.032	0.04	0.4
3 000 MHz ~ 15 000 MHz	$0.22f^{1/2}$	$0.000\,59f^{1/2}$	$0.000\,74f^{1/2}$	$f/7\,500$
15 GHz ~ 300 GHz	27	0.073	0.092	2

注：1. 频率 f 的单位为所在行中第一栏的单位。

　　2. 0.1 MHz ~ 300 GHz 频率，场量参数是任意连续 6 min 内的均方根值。

　　3. 100 kHz 以下频率，需同时限制电场强度和磁感应强度；100 kHz 以上频率，在远区场，可以只限制电场强度或磁场强度或等效平面波功率密度，在近区场，需同时限制电场强度和磁场强度。

　　4. 架空输电线路线下的耕地、园地、牧草地、畜禽饲养地、养殖水面、道路等场所，频率 50 Hz 的电场强度控制值为 10 kV/m，且应给出警示和防护指示标志。

国外普遍使用或参照的电磁辐射相关标准有两个。一个标准是国际非电离辐射防护委员会（ICNIRP）制定的《Guidelines for Limiting Exposure to Time-Varying Electric, Magnetic and Electromagnetic Fields（up to 300 GHz）》（简称 ICNIRP 导则），使用该导则的国家和地区主要有欧洲、日本、新加坡、巴西、以色列，以及我国的香港地区。此外，部分欧盟国家，如意大利、比利时等，在该导则的基础上制定了更为严格的标准。另一个标准是由美国国家标准协会（ANSI）和美国电子电气工程师协会（IEEE）共同制定的《IEEE Standard for Safety Levels with Respect to Human Exposure to Radio Frequency Electromagnetic Fields 3 kHz to 300 GHz》（简称 IEEE C 95.1），使用该标准的主要有美国、加拿大等国家和地区。

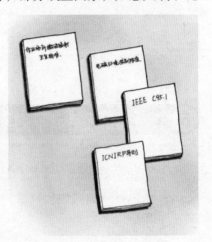

功率密度的定义为：穿过与电磁波的能量传播方向垂直的面元的功率除以该面元的面积的值。一般来说，当频率在微波段时，用功率密度表示电磁辐射的强度。从表 2 中可以看出电磁辐射标准限值与频率有很大的关系，频率越低，限值越高；频率越高，限值越低，也就是限值越严格。

 温馨提示

需要注意的是，限值并不是安全与危害的界限，它只是可以接受的防护水平的上限，低于这些限值的暴露，存在着非热效应。同时，电磁辐射具有累积效应，长期接受低强度电磁辐射的人群，也可能存在一定的健康风险。

⑤ 工作场所电磁辐射职业接触限值标准

为了有效地保护电磁环境中工作场所作业人员的身体健康，防止电磁辐射对生产和生活环境产生污染，制定相关的电磁辐射控制标准是非常必要的。

由于不同频段的电磁辐射对人体健康危害程度不同，因此需要根据不同频段电磁波的特性分别加以分析，进而制定各频段的容许电磁辐射标准限值。

《工作场所有害因素职业接触限值　第 2 部分：物理因素》（GBZ 2.2—2007）是由原国家卫生部于 2007 年发布的，该标准规定了 8 h 工作场所电磁场职业接触限值。下面将按照工作场所电磁场频率的划分，分别进行介绍。

《工作场所有害因素职业接触限值　第 2 部分：物理因素》（GBZ 2.2—2007）规定了 8 h 工作场所工频电场职业接触限值：频率为 50 Hz 时，电场强度限值为 5 kV/m。

在很多高压、超高压输送电网、变配电站等大中型交流工频（50 Hz）用电及供电作业人员所处作业环境中，工频磁场强度较高。国内外相关研究机构的调查研究均表明，较高强度的工频磁场同样会对作业人员的身体健康造成不利影响。由于我国目前尚未制定工频磁场卫生标准，因此可以参照 ICNIRP 导则，此导则规定职业暴露场所的工频磁场职业接触限值为磁感应强度 100 μT（换算成磁场强度为 80 A/m）。

《工作场所有害因素职业接触限值　第 2 部分：物理因素》（GBZ 2.2—2007）规定了工作场所高频电磁场职业接触限值，具体内容见表 3。高频电磁场是指频率范围为 100 kHz ~ 30 MHz、相应波长为 3 km ~ 10 m 的电磁场。

设定此标准限值，主要是为了保护广播发射台站、高频淬火、高频焊接、高频熔炼、塑料热合、射频溅射、介质加热、短波理疗等高频设备的操作人员和高场强环境中其他工作人员的身体健康。

表 3　工作场所高频电磁场职业接触限值

频率范围（MHz）	电场强度限值（V/m）	磁场强度限值（A/m）
0.1 ~ 3.0	50	5
3.0 ~ 30	25	—

《工作场所有害因素职业接触限值　第 2 部分：物理因素》（GBZ 2.2—2007）规定了超短波理疗、超高频通信、超高频工业设备、科研实验装备等工作环境的超高频辐射职业接触限值，具体内容见表 4。超高频辐射又称超短波，指频率为 30 MHz ~ 300 MHz 或波长为 10 ~ 1 m 的电磁辐射，包括脉冲波和连续波。脉冲波是指

以脉冲调制所产生的超高频辐射；连续波是指以连续振荡所产生的超高频辐射。功率密度是指单位面积上的辐射功率以 P 表示，单位为 mW/cm²。

表 4　工作场所超高频辐射职业接触限值

接触时间（h）	连续波		脉冲波	
	功率密度（mW/cm²）	电场强度（V/m）	功率密度（mW/cm²）	电场强度（V/m）
8	0.05	14	0.025	10
4	0.1	19	0.05	14

《工作场所有害因素职业接触限值　第 2 部分：物理因素》（GBZ 2.2—2007）还规定了微波职业接触限值，具体内容见表 5。微波是指频率为 300 MHz ～ 300 GHz，波长为 1 m ～ 1 mm 范围内的电磁波，包括脉冲微波和连续微波。脉冲微波指以脉冲调制的微波，连续微波指不用脉冲调制的连续振荡的微波。

表 5　工作场所微波职业接触限值

类型		日剂量（μW·h/cm²）	8 h 平均功率密度（μW/cm²）	非 8 h 平均功率密度（μW/cm²）	短时间接触功率密度（mW/cm²）
全身微波辐射	连续微波	400	50	400/t	5
	脉冲微波	200	25	200/t	5
肢体局部微波辐射	连续微波或脉冲微波	4 000	500	4 000/t	5

注：t 为受辐射时间，单位为 h。

肢体局部微波辐射是指作业人员在操作微波设备过程中，仅手或脚部受辐射。全身微波辐射是指除作业人员肢体局部外的其他部位，包括头、胸、腹等，一处或几处受辐射。

平均功率密度表示单位面积上一个工作日内的平均辐射功率。

日剂量表示一日接受电磁辐射的总能量，等于平均功率密度与受辐射时间（按照 8 h 计算）的乘积。

在实际工作中，判定工作场所电磁辐射是否超出标准限值，应该首先确定设备在使用的过程中产生电磁波的频率，这可以通过现场测量或查看设备说明书获取，然后选用可以检测对应频率的场强仪依据测试标准进行检测，再对比标准限值判定是否超标。

工频电场、工频磁场电磁辐射的检测需要单独考虑，这是因为工频的电场强度标准限值是 5 kV/m，远高于其他频段的职业接触限值，这是由工频电磁场的特点决定的。

如果一个单位中有多种运行在不同频率（不包括工频）的设备，则应按照标准要求，分段测量各频段电磁辐射情况，判定是否超标。

温馨提示

当电磁辐射源的频率低于 300 MHz 时，一般用电场强度值作为计量测试单位；当电磁辐射源的频率高于 300 MHz 时，一般用功率密度值作为计量测试单位。当工作场所的电磁辐射水平超过限值时，应该对超出限值的设备采取防护措施，进行有效治理，工作人员应该穿戴电磁辐射防护服。

6 电磁辐射防护限值与频率的关系

国家标准中，电磁辐射防护限值是和频率相关的，在执行过程中有两点要注意：

一是标准限值体现了不同频率的电磁辐射对人体健康影响程度的不同。科学研究表明，由于不同频率电磁波的生物学效应不同，人体对不同频率电磁波有不同的反应特征，因此不能对不同频率的电磁辐射使用同一辐射限值，而应根据人体对不同频率电磁波的反应特性来划分。某个频段标准限值越严格，说明该频段的电磁辐射对人体健康影响越严重。因此，我们在执行标准时，要通过频率来查找电磁辐射标准限值。

二是在测量电磁辐射水平时，要注意测量仪器的频率适用范围是否包含了电磁辐射源的频率。比如，现场检测时，得知环境中主要的电磁污染源是移动基站，除此之外没有其他电磁辐射源，而移动基站 GSM（俗称 2G）网络发射频率为 900 MHz ~ 1 850 MHz，TD-SCDMA（俗称 3G）网络发射频率为 2 010 MHz ~ 2 025 MHz，TD-LTE（俗称 4G）网络发射频率为 1 880 MHz ~ 2 665 MHz。然后用包含频率 800 MHz ~ 2 665 MHz 的场强仪进行测试，并将测试结果与标准中的公众照射导出限值对照，应该取 30 MHz ~ 3 000 MHz 之间的标准限值，即功率密度为 0.4 W/m^2。

现在的电子电气设备广泛应用于日常工作生活的方方面面，身边的电磁环境日趋复杂，当所处环境的电磁辐射源不止一个时，需要通过调研，取得每个电磁辐射源的辐射频率参数，并通过测试、分析选用最适合的防护标准限值。

在比较低的频率范围（1 Hz ~ 10 MHz），电磁防护主要是为了防止对易兴奋组织（如神经和肌肉细胞）的影响；在比较高的频率范围（100 kHz ~ 10 GHz），主要是为了保护全身热应力和局部加热；而在很高的频率范围（10 ~ 300 GHz），主要是为了防止体表过热。

温馨提示

不同频率对应的电磁辐射限值不同。当居民所处环境中存在多个频段的电磁辐射源时，应按照标准《电磁环境控制限值》（GB 8702—2014）中的方法对测量后的电磁辐射场强进行计算，并根据计算结果判别是否超标。

不是所有频率的电磁辐射都需要防护，应该先找到造成超标的电磁辐射源，针对电磁辐射源采取相应的措施，然后再进行个体防护。

7 电磁辐射对人体的作用机理

电磁辐射对人体健康造成危害的方式主要有三方面：热效应、非热效应和累积效应。

（1）热效应：人体中的水分子是极性分子，当人体处于电磁场中时，水分子在电场作用下会有一定的取向性。当电磁场的频率和强度发生变化时，水分子也随着这些变化来回运动。水分子运动时互相碰撞、摩擦，产生热量，当这些热量来不及散去时，机体温度就会上升，表现出热效应。体温升高可引发各种症状，如心悸、失眠、头胀、心动过缓、白细胞减少、免疫功能下降、视力下降等。

（2）非热效应：人体的器官和组织都存在微弱的电磁场，它们是稳定而有序的，一旦受到外界电磁场的干扰，处于平衡状态的微弱电磁场就会遭到破坏，人体也会遭受损伤。这时，血液、淋巴液和细胞原生质发生改变，可能导致胎儿畸形或孕妇自然流产，也可能影响人体的循环、免疫、生殖和代谢等功能。

（3）累积效应：热效应和非热效应作用于人体后，人体受到的伤害在尚未自我修复之前再次受到电磁波辐射，其伤害程度就会发生累积，久而久之会成为永久性病态，可能危及生命。

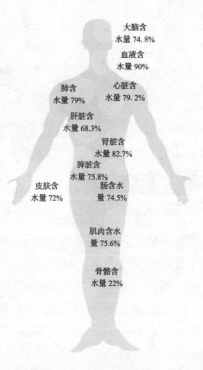

大脑含水量74.8%
血液含水量90%
肺含水量79%
心脏含水量79.2%
肝脏含水量68.3%
肾脏含水量82.7%
脾脏含水量75.8%
皮肤含水量72%
肠含水量74.5%
肌肉含水量75.6%
骨骼含水量22%

温馨提示

当人体吸收的电磁辐射转化的热量超过人体温度调节能力时，人体将出现高温生理反应，严重时可造成神经衰弱、白细胞减少等病变。

人体内水分含量较多的器官尤其易受热效应的影响，如眼睛、男性生殖器官。人眼在短时间内经微波辐射后，会出现视疲劳、眼不适、眼干、视力明显下降等现象，夜晚更为突出。高强度电磁辐射可使人眼晶状体蛋白质凝固，轻者混浊，重者可造成白内障，对角膜、虹膜、前房造成伤害，导致视力减退乃至完全丧失。

尽管电磁辐射对人体存在潜在的危害，但是通过采取科学合理的防护措施，可以大大降低人们在电磁辐射环境中遭受损伤的概率。

孕妇应尽量远离电磁辐射源，以免胎儿受外界电磁辐射的影响。

8 电磁辐射对人体作用的影响因素

（1）与电磁辐射源的性质有关。电磁场强越大，对人体的危害与影响越严重，两者成正比；电磁场的频率越高，对人体的危害越大，因此，电磁辐射对人体的作用由强至弱为：微波、超短波、短波、中波和长波。

脉冲波对人体的不良影响比连续波严重。

（2）与暴露时间有关。暴露的时间越长，对人体的影响越严重。

实践证明，从事射频辐射作业的人员接受射频辐射的暴露时间越长（指累积作业时间），如工龄越长、一次作业时间越长等，则表现出的症状就越严重。连续作业比间断作业对人体产生的不良影响要严重得多。

（3）与受体人群和受体部位有关。研究表明，儿童和妇女对电磁辐射表现出的敏感性比其他人群大。而人体眼睛、脑部等比其他部位具有较高敏感性。

身体体质不同，表现出的电磁敏感性也不同。一般认为，体质弱的人电磁敏感性强，受电磁场作用后的症状比体质强的人明显。有慢性病的人表现出较强的电磁敏感性。

生物组织的含水量和机体剖面构型与电磁能量的吸收程度有关。含水量越高，越易吸收电磁能量。

（4）与作业环境温度、湿度有关。作业环境的温度与射频电磁场作用于机体产生的不良影响有直接关系。温度越高，身体所表现的症状就越明显。因此，加强通风和降温是减少射频电磁场对人体危害的重要手段。湿度越大，越不利于作业人员的身体健康。

温馨提示

电磁场对人体影响的大小和危害，主要取决于频率的高低，功率的大小，电磁波的波形，电磁场作用于人体面积的大小和部位，人体所处的环境，人体接触时间的长短，间歇还是连续，接触距离的远近，个人对电磁场的承受力的大小等因素。

在没有超过标准限值时，敏感人群应尽量做好对电磁辐射的防护。

应根据电磁辐射对人体作用的影响因素来预防电磁辐射对人身的影响。

⑨ 电磁场和人体之间的耦合作用

频率不同，电磁波与人体作用的方式也不同。随时间变化的电磁场和生物体之间有三种基本的耦合机制：生物体与低频电场的耦合作用、生物体与低频磁场的耦合作用、生物体对电磁场能量的吸收作用。

（1）生物体与低频电场的耦合作用：人体与随时间变化的电场作用的结果，是在人体组织中产生电荷流动（电流）、束缚电荷的极化（形成电偶极子）和已经存在于人体组织中的电偶极子的重定向。这些不同效应的相对大小取决于身体的电特性，即导电性。电导率和介电常数随人体组织的不同而不同，也和电磁场的频率有关。人体处于低频电场中，人体表面会产生电荷，从而在人体内产生感应电流，感应电流的大小和分布取决于暴露的条件，如身体的形状、大小和在电场的位置。

（2）生物体与低频磁场的耦合作用：当人体处于低频磁场中时，会产生感应电场和循环电流，感应电场和电流密度的大小、环路的半径、组织的电导率、磁通密度等成正比。当给定磁场频率和大小时，最强的感应电场是在回路尺寸最大的地方。身体某部位的感应电场强度是由该部位的电导率决定的。当人体暴露在很强的磁场中时，产生的环路电流会刺激神经和肌肉组织，或者会影响人体的其他生物过程。

（3）生物体对电磁场能量的吸收作用：当暴露在频率大于100 kHz 的电磁波中时，人体会吸收电磁波的能量，从而体温升高。一般来说，即使电磁波均匀地照射到人体，人体吸收的电磁波能量也不是均匀分布的。人体对电磁波能量的吸收分为四个阶段：

➤ 频率为 100 kHz ~ 20 MHz 时，躯干对电磁波能量的吸收随频率的降低而快速降低，而颈部和腿部对电磁波能量的吸收非常明显。

➤ 频率为 20 ~ 300 MHz 时，人体各部位都会吸收较多的电磁波能量，如果考虑人体局部（如头部）的共振，吸收的电磁波能量会更多。

➤ 频率在 300 MHz 到几 GHz 之间时，会出现人体吸收电磁波能量局部不均匀的现象。

➤ 频率在 10 GHz 以上，身体对电磁波能量的吸收主要发生在体表。

人体吸收电磁波能量的大小受很多因素影响，其中包括人的身高。例如，在不接地的情况下，标准参考人（Standard Reference Man，指年龄在 20 ~ 30 岁、体重 70 kg、身高 170 cm 的白种人）吸收电磁波的共振吸收频率约为 70 MHz；身高越高，共振吸收频率越低，身高越低，共振吸收频率越高。

温馨提示

暴露在低频电场和低频磁场中时，人体对电磁波的吸收可以忽略，因此也不会引起体温的升高。

在人体各种正常的生化反应过程中存在很小的电流，如神经通过电脉冲来传递信号，从消化到大脑活动的大部分生化反应都伴随着带电粒子的重新排列等。长期低水平的电磁辐射是否会引起生物反应并且影响人体健康，目前还没有定论，但已经达成共识的是，强度过高的电磁辐射一定会导致人体的生物反应。

⑩ 检测电磁辐射的仪器

电磁辐射的测量按测量场所，分为作业环境测量、特定公众暴露环境测量、一般公众暴露环境测量；按测量参数，分为电场强度测量、磁场强度测量和电磁场功率密度测量等。为获得最佳的测量结果，应根据测量环境及所需测量参数来选择测量仪器和设备。测量仪器分为非选频式宽带辐射测量仪和选频式辐射测量仪，它们都是由天线和主机两部分组成的。

近区场场强相对较大，但场强随着与电磁辐射源距离的增大迅速衰减，是一种非常复杂的非均匀场。近区场测量仪器的量程应足够大，测量所用探头应尽量小，测量结果才能代表测试点的场强。

国家标准规定，当电磁辐射源的工作频率低于 300 MHz 时，应分别测量工作场所的电场强度和磁场强度。当电磁辐射源工作频率大于 300 MHz 时，可以只测量功率密度。

温馨提示

在工作场所电磁辐射测试过程中，对电磁辐射源附近区域应该给予特别的关注。除电磁辐射源外，应考虑现场各种对电磁辐射产生影响的物体，如现场的金属物体可能引起电磁场分布的变化，导致某些区域场强增大。

　　环境电磁辐射检测和职业卫生检测方法应严格按照相关标准进行。环境电磁辐射检测执行标准为《交流输变电工程电磁环境监测方法（试行）》（HJ 681—2013）、《辐射环境保护管理导则　电磁辐射监测仪器和方法》（HJ/T 10.2—1996），职业卫生检测执行标准为《工作场所物理因素测量　第 1 部分：超高频辐射》（GBZ/T 189.1—2007）、《工作场所物理因素测量　第 2 部分：高频电磁场》（GBZ/T 189.2—2007）、《工作场所物理因素测量　第 3 部分：工频电场》（GBZ/T 189.3—2007）、《工作场所物理因素测量　第 5 部分：微波辐射》（GBZ/T 189.5—2007）。

　　对于作业人员的长期暴露的测量，应将身体最接近电磁辐射源的区域作为工作场所测点，仪表由远及近进行测量。

　　应尽量选用全向性探头的场强仪；使用非全向性探头的场强仪时，测量期间必须不断调节探头方向，直至测到最大场强值。

　　进行近区场测量时，电场和磁场应分别测量；对于远区场测量时，测量电场或磁场即可。

电磁辐射环境及其影响

第二篇

⑪ 广播电视发射塔周边的电磁环境

广播电视系统的发射设备数量较多，功率较大，电磁辐射影响的范围也很广。无线广播、电视发射设备发射的电磁波频率范围很广，可从几百千赫兹到几百兆赫兹。我国中波广播的频率范围为 526.5 kHz ~ 1 606.5 kHz，调频广播的频率范围为 87 MHz ~ 108 MHz，电视传送的频率范围为 49.75 MHz ~ 957.75 MHz。用以发射广播、电视节目发射机的发射功率通常为几百瓦或几千瓦，但随着广播电视频道数目的增加，发射机数量也会随之增多，整个发射塔总的发射功率会增大，可达到几百千瓦。

电视发射塔周围的电磁环境和与电视发射塔的距离有关，塔基附近区域的发射机房、传输电缆在屏蔽较好的情况下，电场强度大多处于国家标准规定的安全限值以内。

发表于《城市管理与科技》2005 年第 6 期的《中波广播发射塔周边电磁环境场强分析》一文介绍了北京人民广播电台两座发射塔（北塔、南塔）的概况，通过电场强度监测，分析了水平、垂直方向的电场强度衰减特性。北京人民广播电台频率及天线参数见表 6。

表6 北京人民广播电台频率及天线参数

频率（kHz）	业务类别	服务区域	发射功率	天线高度（m）	天线位置
828	中波广播	北京市	50	147	南塔
1 026	中波广播	北京市	50	147	南塔
603	中波广播	北京市	20	118	北塔
927	中波广播	北京市	20	118	北塔

中波广播发射频率处在 0.1 MHz ～ 30 MHz 频段范围内，环境电场强度标准应执行 40 V/m。

位于北京人民广播电台天线区西侧的某小区，距北塔约250 m，距南塔约350 m。有关单位多次对该小区各期各座楼房进行了电磁环境监测，监测数据呈现出较强的规律性，监测结果见表7。

表7 该小区4号楼电磁辐射监测结果

监测点位	测量值（V/m）	监测点位	测量值（V/m）
22 层平台	102 ～ 150	10 层南阳台	19.2
21 层南阳台	81 ～ 88	8 层南阳台	18.3
19 层南阳台	60.7	7 层南阳台	12.5
18 层南阳台	53.8	6 层南阳台	8.8
17 层南阳台	46.2	5 层南阳台	7.9
16 层南阳台	42.0	3 层南阳台	4.2
15 层南阳台	31.8	2 层南阳台	3.0
12 层南阳台	21.8		

注：1. 该楼层高为20层，无4层、13层、14层，从南阳台可以看到南塔。
2. 由于1层、9层、11层测试时家中无人，因此没有相应的监测数据。

从表7数据中可以看出，4号楼南阳台随着楼层的升高，电场强度不断增大，16层以上的数据已表明严重超过国家标准。

温馨提示

广播电视发射塔一般安装有多个发射机，分别运行在不同的频率范围，用于提供多套广播、电视节目。发射塔采用的是固定式全向天线，其产生的电磁辐射是 360° 全方位覆盖的。实际中，发射塔底通常为天线波瓣覆盖的"盲区"，从塔底沿任意方向远离发射塔的过程中，同一水平高度的电磁辐射强度呈现出逐渐增大至最大值，继而逐渐衰减的趋势。建议生活、工作中尽量远离广播电视发射塔。在发射台周围多种植阔叶树木，可有效遮挡电磁辐射，降低电磁波对周边居民区的污染。

⑫ 移动通信基站周边的电磁环境

移动通信指的是通信双方中至少有一方处于移动状态时所进行的通信。移动通信系统一般由移动台（如手机）、移动基站、移动交换中心、与市话网相连接的中继线等组成。现代移动通信系统，一般都采用小区制（蜂窝）实现对服务区域的覆盖，每一个服务小区设有一个收发信基站，通过发射和接收一定频率的无线电信号，为覆盖区域的用户提供服务。为保证移动通信的通信质量，移动基站一般都建在市区高层楼顶的平台上。

移动通信的发展经历了多个时期：

1 G 主流系统为 AMPS，另外还有 NMT 和 TACS，该制式在加拿大、澳大利亚、南美洲及亚太地区被广泛采用。而我国 20 世纪 80 年代初期，移动通信产业还一片空白，直到 1987 年广东第六届全运会，蜂窝移动通信系统才正式启动。

2 G 主流网络制式包括 GSM、TDMA、CDMA。GSM（Global System for Mobile Communication，全球移动通信系统），是当前应用最为广泛的移动电话标准。GSM 标准的无处不在使得在移动电话运营商之间签署"漫游协定"后用户的国际漫游变得很平常。因此 GSM 被看作是第二代（2 G）移动通信系统。

3 G 分为 4 种标准制式，分别是 CDMA2000、WCDMA、TD-SCDMA、WiMAX。在 3 G 的众多标准之中，CDMA 这个字眼曝光率最高，CDMA（Code Division Multiple Access，码分多址），是第三代移动通信系统的技术基础。

4 G 网络是指第四代无线蜂窝电话通信协议，是集 3 G 与 WLAN 于一体并能够传输高质量视频图像，且图像传输质量与高清晰度电视不相上下的技术产品，包括 TD-LTE 和 FDD-LTE 两种制式。移动通信基站的发射功率在几瓦到百瓦之间。

移动基站对周边环境的电磁辐射主要来自三个方面：一是基站发射机的电磁泄漏；二是射频电缆及其接头处的电磁泄漏；三是发射天线的信号发射。发射机柜一般具有较好的屏蔽效果，因此，受前两方面影响的主要是近距离工作的职业暴露人群，如基站设备维护人员。真正对周边电磁环境产生影响的是发射天线发射信号时的电磁辐射。

按照《辐射环境保护管理导则　电磁辐射环境影响评价方法与标准》（HJ/T 10.3—1996）中第 4.2 款的要求，单个项目的电磁辐射影响的管理限值的确定应遵循下列原则：

（1）为使公众受到总照射剂量小于《电磁环境控制限值》（GB 8702—2014）的规定值，对单个项目的影响必须限制在《电磁环境控制限值》（GB 8702—2014）限值的若干分之一。

（2）在对电磁环境评价时，对于由国家环境保护部负责审批的大型项目可取《电磁环境控制限值》（GB 8702—2014）中场强限值的 $1/\sqrt{2}$，或功率密度限值的 1/2 为电磁辐射环境管理限值。

（3）在对其他项目的电磁环境评价时，则取《电磁环境控制限值》（GB 8702—2014）中场强限值的 $1/\sqrt{5}$，或功率密度限值的 1/5 作为评价标准。

因此，在对单个项目的电磁环境评价时，功率密度评价标准为 0.08 W/m²。《电磁环境控制限值》（GB 8702—2014）中，对于公众暴露的控制限值，仍然沿用以前的 0.4 W/m² 的评价标准，因此不影响对单个项目电磁环境评价时采用电磁辐射环境管理限值。

发表于《海峡科学》2015 年第 7 卷的《龙岩新罗区移动通信基站电磁辐射环境影响分析》一文介绍了对移动通信基站周围电磁辐射水平的监测情况。文章中共选取龙岩新罗区 110 个基站（2013

年之前建设的 GSM 和 TD-SCDMA 基站），共 1 090 个监测点位。测量高度均为仪器探头距地面（或立足点）1.7 m 处，探头（天线）尖端与操作人员之间距离不少于 0.5 m。在室内监测时，一般选取房间中央位置，点位与家用电器等设备之间距离不少于 1 m；在窗口（阳台）位置监测时，探头（天线）尖端在窗框（阳台）界面以内。

监测结果显示，48.0% 的监测点功率密度值分布在 0.1 ~ 1 μW/cm²，累积百分比 75.6% 的监测点功率密度小于 1 μW/cm²；0.6% 的监测点测值超过单个项目环境管理限值（8 μW/cm²），99.4% 的监测点都符合环境管理限值要求。不符合要求的监测点均属于同一个基站，公司通过加高天线的架设高度、减小天线增益等措施对基站实施了整改，整改后的监测结果均符合标准要求。

温馨提示

一般情况下，一个基站的 3 个扇区，分别对应正北、东南和西南方向，覆盖范围均为 120° 扇区，从而实现 360° 全向覆盖。

从基站天线架设方式看，有支撑杆方式、屋顶塔方式、增高架方式、落地通信杆方式、落地铁塔方式和其他方式。

长期、低强度的电磁辐射是移动通信基站影响其周边公众健康的主要方式。与国家标准相比，移动通信基站的电磁辐射多在标准范围之内。如果加上天线发射的电磁波在传播路径上的损耗，实际到达周边居民人体上的电磁辐射会更小。

移动通信基站的密集程度与其对周边环境电磁辐射的强度大小并没有直接关系。基站数量越多，其通信容量越低、覆盖范围也越小，单个基站的发射功率可能越小。

⑬ 高压输电线、变电站周边的电磁环境

电能是一种清洁而方便使用的能源。伴随着我国经济的腾飞和人们生活水平的不断提高，对电能的需求也在与日俱增。

电力系统主要由发电厂、输配电系统和用户组成。发电厂发出的电先经升压变电站的变压器变为高压电，再经输电线路输送至用电地区，再由降压变电站的变压器将电压降低，然后再经配电线路分送至各个用户。

　　我国电力系统的工作频率为 50 Hz。交流输电超高压输电电压等级有 1 100 kV、750 kV、500 kV、330 kV、220 kV、110 kV，中压输电电压等级有 35 kV、20 kV、10 kV、6 kV、3 kV，低压输电电压等级有 400 V（380/220 V）、220 V、110 V。直流输电电压等级有 1 000 kV、800 kV、500 kV。

　　我国变电站按照电压等级不同，一般分为 500 kV 变电站、220 kV 变电站、110 kV 变电站及 35 kV 变电站。常见变电站的建筑形式有户外式、户内式及半户内式三种。目前，为减小变电站对周边电磁环境的影响，在城区建设的变电站基本上均为户内式变电站。

电力系统工作波长为 6 000 km，当一个电磁系统的尺度与其工作波长相当时，该系统才能向空间有效发射电磁能量。实际情况中，输变电设施的尺寸要远远小于工作波长，因此构不成有效的电磁能量发射，周围的电场和磁场之间不存在相互依存、相互转化的关系。

高压输电线路产生的电磁辐射主要为工频电场、工频磁场，其强度与输电线路的电压等级、架设高度、负载电流等因素有关。电压等级越高，电场辐射越强；电压等级相同的情况下，随着与输电线路高差和距离的增加，电场强度会快速衰减。线路上的负载电流越大，磁场也越强。

交流高压输电线和变电站是室外环境中常见的工频电磁辐射源。在日常生活及工作场所中，产生较强工频电磁场的电器有很多，如复印机、电风扇、空调、电吹风、电动剃须刀、电炉、冰箱、吸尘器、电热毯等。

工频电磁场对人体健康的影响近年来逐渐引起了相关研究机构和公众的重视。20 世纪 70 年代初，苏联学者首先发现，暴露在工频电磁场的人员会出现中枢神经系统、心血管系统的功能紊乱，并且还会对包括内分泌系统在内的多个人体系统产生影响。

1979 年，Wertheimer, N. 和 Leeper, E. 发表的一篇调查报告指出，输电线路周边产生的磁场达到 0.2 μT 以上时，婴幼儿的白血病发病率将增加 2.1 倍。关于工频磁场对人体健康的影响，目前还有很多争议，相关研究还在进行中。

工频磁场被国际癌症研究机构定为可能致癌物，与咖啡、电焊烟雾、苯乙烯、汽车尾气为同等级别（2B），其根据主要来自于儿童白血病的流行病学调查研究，但尚不能确切地认为工频电磁场对人体具有致癌作用。

温馨提示

近十几年来，220～500 kV输电线路和变电站大量投入使用，由此产生的超高压、强电场，大电流、强磁场，对从事电力运行、检修、维护和巡视高压电气设备作业人员的健康影响问题，已引起人们的关注。

变电站内部设备产生的电场、磁场强度在数米之内快速衰减。

在高压线两侧生活的居民要确保居住在安全距离之外。

在高压线下行走的人有可能暴露在超过接触限值的工频电场、工频磁场环境中。

⑭ 手机的电磁辐射

手机的通信实质上主要是手机和特定移动通信基站之间的通信。手机在开机状态下，会对附近移动通信基站发来的特定控制信号作出回复。一旦发现通信网络中最近的移动基站，手机会初始化一个连接，随后手机进入睡眠状态，只是偶尔更新一下和通信网络的连接，直到手机用户发出一个呼叫或者接听一个电话。

使用手机通话时，手机拾取用户的声音并将其转化为射频电磁波，载有语音信号的电磁波在空气中传播至附近的移动通信基站。移动通信基站将语音信号通

过移动通信网络传输至通话的另一名用户附近的移动通信基站，随后载有语音信号的电磁波被发送至另一名用户的手机并被转化为声音。

当人们使用手机时，电磁辐射主要来自于手机中的天线。通常，手机的电磁辐射水平是一个变化的量。手机距离最近的移动通信基站的距离越远，越需要更强的射频能量实现这种连接。为保证通信效果，手机会自动调高发射功率。

当使用手机听广播、看电视、读电子书或打游戏时，也就是使用手机的非通信功能时，手机产生的辐射是很小的，和待机时的辐射相同。手机在通话过程中的电磁辐射强度不是持续不变的，一般手机在拨号和通话接通时的辐射较大，随后辐射强度降低并保持稳定。

研究表明，使用手机在正常行走时会引起信号强弱起伏，导致短时间内发射功率加大，使得手机电磁辐射增大到正常值的 3 倍以上。因此切忌在移动中使用手机通话，尽量避免在火车、轮船、飞机等位置变化快的地方使用手机。

在使用手机通话时，手机中的天线距离人体头部非常近，这种近距离、有一定强度的微波电磁辐射极有可能对人体健康造成危害。

手机辐射的电磁波对人体有以下两方面的直接影响：一是热效应，即手机辐射的电磁波被人体吸收后，会使局部组织升温，从而

影响人体健康；二是低能级射频辐射的非热效应，可能使经常使用手机的人产生比较严重的神经衰弱症候群，如头痛、头晕、乏力等症状，记忆力降低，以及一些潜在生物破坏。

温馨提示

　　手机辐射的影响因电磁辐射强度、接触辐射的时间、距辐射源的距离而不同。人体各器官对电磁辐射的敏感程度不同；不同性别、年龄、体质的人对电磁辐射的敏感程度不同。

　　国际上通用的评价手机辐射对人体影响的参量是比吸收率（Specific Absorption Ratio，SAR），单位为瓦每千克（W/kg），是指生物组织单位时间、单位质量所吸收的电磁波能量。我国制定的手机辐射标准为《移动电话电磁辐射局部暴露限值》（GB 21288—2007）。该标准规定的暴露限值为：任意 10 g 生物组织、任意连续 6 min 平均比吸收率（SAR）值不得超过 2.0 W/kg。由于手机多靠近头部工作，因此头部 SAR 值是评价这种影响的主要指标。

　　使用手机通话时，应尽量缩短通话时间，长时间通话时最好使用座机。当使用手机通话时，应尽量远离头部。手机最好不要长时间贴身放置。

⑮ 儿童定位手表的电磁辐射

儿童定位手表因其"定位＋通话"功能颇受家长青睐。儿童定位手表主要由 GPS（Global Positioning System，全球定位系统）模块和 GSM 模块组成。GPS 模块是接收信号设备，只接收卫星信号，不发射信号，所以不产生辐射；GSM 模块实际是 2 G 手机模块，会进行信号的收发，功能和手机一样。儿童定位手表的工作原理是间歇式打点（定位）。

我们随机选择购买了 4 种不同品牌和价位的儿童定位手表，在通信信号良好的状态下，分别在不同使用状态（即待机状态、定位状态、呼叫状态）下，对它们进行了电磁辐射测试，结果见表 8。

表 8　通信信号良好状态下儿童定位手表电磁辐射测试结果

使用状态	A 儿童定位手表 $\mu W/cm^2$	B 儿童定位手表 $\mu W/cm^2$	C 儿童定位手表 $\mu W/cm^2$	D 儿童定位手表 $\mu W/cm^2$
待机状态	0.21	0.13	0.07	0.04
定位状态	9.55	4.70	7.17	10.20
呼叫状态	35.08	31.46	27.06	27.60

结果表明，在儿童定位手表网络信号良好的情况下，待机状态、定位状态、呼叫状态都在国家规定的电磁环境控制限值以内，即 $40\ \mu W/cm^2$。

在通信信号不良的状态下，对儿童定位手表在待机状态、定位状态、呼叫状态进行了电磁辐射测试，结果见表9。

表9　通信信号不良状态下儿童定位手表电磁辐射测试结果

使用状态	A 儿童定位手表 μW/cm²	B 儿童定位手表 μW/cm²	C 儿童定位手表 μW/cm²	D 儿童定位手表 μW/cm²
待机状态	0.003	0.011	0.003	0.024
定位状态	16.30	7.62	9.23	16.98
呼叫状态	72.21	57.16	36.93	60.48

以上数据说明，儿童定位手表信号不良时，待机和定位状态的电磁辐射场强都在国家规定限值内，但在呼叫状态时，只有一款儿童定位手表的电磁辐射场强在国家规定限值内，其余三款都超出国家规定限值。

目前，国家对于儿童定位手表缺乏严格的行业规范和标准，产品良莠不齐，低价劣质手表充斥市场，这类产品很可能出现辐射超量的问题。更有甚者，德国联邦网络局以威胁隐私安全为由于2017年下半年宣布禁售儿童定位手表。在此提醒大家，尽量选购有3C、入网等安全认证的产品。

温馨提示

3C 是英文 China Compulsory Certification 的简称，3C 认证的全称为"中国强制性产品认证"，是我国政府为保护消费者人身安全和国家安全，加强产品质量管理，依照法律法规实施的一种产品合格评定制度。我国公布的首批必须通过强制性认证的产品共有 19 大类 132 种，主要包括电线电缆、低压电器、信息技术设备、安全玻璃、消防产品、机动车辆轮胎、乳胶制品等。

购买儿童定位手表时，应注意查看是否有以下 3 种证书：电信设备进网许可证、中国强制性产品认证证书（3C 认证）、无线电发射设备型号核准证。

3C认证标志

儿童定位手表的发射功率越大，电磁辐射水平就越高；网络信号不良时，电磁辐射场强大；处于呼叫状态时，电磁辐射最强。在购买时，应尽量选择电磁辐射水平较低的产品。

儿童定位手表不宜长时间佩戴。

⑯　无线路由器的电磁辐射

许多家庭都搭建了 Wi-Fi 无线网络，而搭建 Wi-Fi 无线网络必须用到无线路由器。无线路由器可以看作一个转发器，将家中墙上接出的宽带网络信号通过天线转发给附近的无线网络设备，如笔记本电脑、平板电脑、支持无线网连接功能的手机等。

无线路由器的工作频率有 2.4 GHz 和 5 GHz 两种，目前普及率较高的是频率为 2.4 GHz 的无线路由器。我国工业和信息化部无线电管理局规定：无线局域网产品的发射功率不能大于 10 mW。

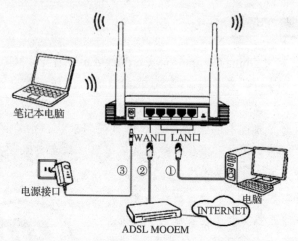

笔记本电脑

WAN口 LAN口

电源接口 ③ ② ①

电脑

ADSL MOOEM

INTERNET

　　《家庭医药·快乐养生》2015年第12期《家用无线路由器辐射功率多不合格》一文中曾做过如下检测：

　　由重庆市消费者委员会工作人员在多家卖场，购买了10台不同品牌的无线路由器，涉及水星、华为、中兴等10个品牌。随后，重庆市消费者委员会委托重庆出入境检验检疫局检验检疫技术中心和中国泰尔实验室，依据我国工业和信息化部有关规定，对10台提供 Wi-Fi 信号的无线路由器进行检测，结果发现仅一款产品在辐射功率限值这项指标上低于 20 dBm 的国家标准，其他9款产品该指标全部高于国家标准。

　　重庆出入境检验检疫局检验检疫技术中心和中国泰尔实验室的有关专家表示，无线路由器工作时产生的电磁辐射比其他家用电器小得多。

　　《环境保护与循环经济》2014年第11期的《浅析 Wi-Fi 技术中无线路由器的电磁辐射影响》一文中作者测试了从市场中购买的4种无线路由器，在其表面测量的电磁辐射值均小于 2 μW/cm^2，远低于公众照射限值 40 μW/cm^2 的规定。因此，只要在使用时注意保持一定距离，无线路由器对人体健康的损害基本可以忽略不计。

温馨提示

　　路由器的电磁辐射强度与其发射功率相关，发射功率越小，电磁辐射强度越低。虽然无线路由器的发射功率很小，但是也要尽量远离路由器，长期近距离接触仍然有可能对人体健康造成危害。

　　选购无线路由器时，要注意查看产品标识是否齐全，从正规渠道购买正规产品，才能最大限度地保证无线路由器发射功率在国家规定限值内。不要对功率、传输速率要求过高，应以"够用就好"为原则。

17 微波炉的电磁辐射

　　微波是一种电磁波，这种电磁波的能量不仅比通常的无线电波大得多，而且微波一碰到金属就会发生反射，金属不能吸收或传导它；微波可以穿透玻璃、陶瓷、塑料等绝缘材料，但不会消耗能量；而含有水分的食物，微波不但不能穿透，其能量反而会被吸收。微波炉就是一种用微波加热食品的现代化烹调灶具。和传统加热方式不同，微波加热的原理是利用微波电磁场使食物内部的分子互相摩擦产生热量，从而让食物被加热，也就是利用某些物质（尤其是含水的介质）吸收微波能所产生的热效应对食物进行加热。

一般家用微波炉由 5 大部分组成，即磁控管、电源变压器、谐振腔、炉门和电子控制电路部分。磁控管将 50 Hz 的交流电转换成 2 450 MHz 的电磁波，由波导耦合到微波谐振腔，产生多种模式的微波场，待加热的食物便暴露在此微波辐射场中。大多数家用微波炉工作频率在 2 450 MHz，工业用途的微波加热设备工作频率大多为 915 MHz。微波谐振腔其实就是微波加热的炉腔，加热时，炉腔内有一个很强的微波电磁场。

在微波炉内需要加热的食品都含有一定量的水分，水分子是极性分子，在炉腔内微波电磁场的作用下，食物中原本杂乱无章排列的水分子会迅速改变方向，发生有序的运动。水分子之间摩擦产生大量热量，进而完成微波加热过程。

微波加热有三个主要特点：

一是可对被加热物质内部、外部同时进行加热，短时间内可达高温。微波加热最突出的优点是热损耗小，热能利用率高，节能。

二是频率为 300 MHz ~ 300 GHz 的微波对应的波长为 1 m~1 mm，

而远红外线的波长范围在 1.5 ~ 1 000 μm。微波对介质材料的穿透能力要比远红外线加热的穿透能力强得多。

三是大多数加热系统，如蒸汽和远红外线加热，都需要相当长的预热时间才能达到加热所需温度，而微波加热的磁控管预热 15 s 后就可以工作。

微波炉炉门是防控电磁辐射最关键的部件。微波炉炉门由金属框架和玻璃观察窗组成，观察窗的中间有一层金属网，网上有许多小孔。

导致微波炉电磁辐射泄漏的原因主要有三个：一是炉门的电磁屏蔽性能不好；二是炉门关闭不严，机械损坏、微波炉门的脏污、长期使用造成门封的损坏等，都会造成微波炉门封的效率降低；三是微波炉排湿孔开得不合理，致使微波能量泄漏。

微波炉运行在微波频段，人体微波频段的电磁辐射暴露限值为 2 V/m。《中国辐射卫生》2013 年第 12 期《微波炉电磁辐射水平调查》一文随机抽取市售 4 种品牌、6 个型号的微波炉，在距离微波炉正前方 5 cm、30 cm、100 cm、200 cm 处设置监测点位进行电磁辐射测量，结果见表 10。

表 10　微波炉电场强度监测结果

型号	微波功率（W）	不同距离的电场强度（V/m）			
		5 cm	30 cm	100 cm	200 cm
1	1 300	21.5	14.9	6.9	2.3
2	800	18.8	12.4	5.7	1.8
3	750	19.9	12.4	7.2	2.8
4	700	34.3	21.6	10.7	3.3
5	700	26.8	13.5	5.9	2.0
6	700	19.1	14.3	7.0	2.4

从表 10 可以看出，距离微波炉 30 cm 以内，电场强度超过国家标准规定的 12 V/m；距离 100 cm 时，电场强度最大为 10.7 V/m；

距离 200 cm 时，电场强度最大为 3.3 V/m。由此可见，200 cm 以上才是微波炉的辐射安全距离。

温馨提示

在运行于微波频段的家用电器中，微波炉的功率是最大的。如果长时间在高强度微波泄漏的微波炉旁逗留，将对人体的敏感部位，如眼睛、大脑等，产生伤害。微波炉工作运行之后，最好与其保持 2 m 以上的距离。

不要将微波炉放置于卧室中。

在微波炉运行过程中，不要将脸贴近观察窗进行观察，以免眼睛因微波辐射而受到伤害。

孕妇若使用微波炉，建议穿着微波防护服。

使用心脏起搏器者，一般情况下，不得使用微波炉。

⑱ 电磁炉的电磁辐射

电磁炉又称电磁灶，是一种利用电磁感应原理将电能转换成热能的烹调电器，具有升温快、无明火、无烟火、热效率高、体积小巧、安全可靠、操作方便、对周围环境不产生热辐射等优点，能完成家庭中的大多数烹调任务。目前，电磁炉已经非常广泛地在家庭、餐馆等各种场所使用。目前，人们广泛使用的电磁炉基本上都是高频电磁炉，是利用高频电流（20 kHz 以上），通过感应线圈产生交变磁场进行加热的，因此在烹调的过程中也会不可避免地产生电磁辐射。

电磁炉主要由高频感应加热线圈、高频电力转换装置、控制器及铁磁材料锅底炊具等部分组成。在电磁炉内部，由整流电路将 50 Hz 的交流电压变成直流电压，再经过控制电路将直流电压转换成频率为 20 kHz ~ 40 kHz 的高频电压。高速变化的电流通过线圈会产生高速变化的磁场，当磁场内的磁感线通过金属器皿（导磁率高的铁磁材料）底部时，金属体内会产生无数小涡流，使得金属器皿自行高速加热，然后再加热器皿内的食物，这样就实现了无明火的加热烹调过程。常见电磁炉的功率一般分为 1.8 kW、2.0 kW、2.2 kW 等。

按照国际非电离防护委员会《限制时变电场、磁场和电磁场暴露的导则（300 GHz 以下）》（ICNIRP 1998），电场和磁场的导出限值见表 11。

表 11 时变电场和磁场一般公众的导出限值

频率范围	电场强度（V/m）	磁感应强度（μT）
3 ~ 150 kHz	87	6.25

《中国科学导刊》2013 年第 2 期《电磁炉电磁辐射水平调查》一文作者随机抽取市售 6 种品牌、10 个型号的电磁炉，在电磁炉的上方 1 m 处、下方 0.5 m 处以及周围四个方向分别距离电磁炉 0.3 m 处，进行了电磁辐射测量。结果显示：

对于电场，有 10% 的电磁炉周围四个方向测量点的电磁辐射不符合标准限值，其余方位测量结果都在标准限值以内。

对于磁场，下方测量点的电磁辐射全部合格，仅有 10% 的电磁炉上方 1 m 处测量点的电磁辐射在标准限值以内。在周围四个方位中，磁场的分布是不均匀的：有两侧几乎全部高于限值，最高值高于限值的 10 倍；有一侧除一个测量值高于限值外，其余均低于限值。

由此可见，电磁炉电磁辐射对人体的潜在危害主要来自于使用过程中产生的磁场。因此，要尽量挑选电磁辐射低的产品。

温馨提示

电磁炉是利用电磁感应产生涡流加热食品的，工作时会产生低频电场与磁场，一般电磁辐射主要集中在电磁炉体上方和电磁炉锅体外围近距离内。因为电磁炉工作时会产生一定强度的电磁辐射，所以选购电磁炉时，应选择有 3C 认证标志的产品，安全会相对有保障。

围坐在电磁炉周围就餐时，应尽量将与电磁炉的距离控制在 30 cm 以上，以保证相对安全。

孕妇尽量不要使用电磁炉，以免对身体造成潜在的危害。

⑲ 计算机的电磁辐射

计算机电磁辐射对人体健康的影响因个体体质的差异而不同，妇女和儿童对计算机电磁辐射更敏感一些。

为使计算机对外环境的电磁辐射尽可能低，需要采用电磁屏蔽技术。机箱和显示器的屏蔽外板需要采用导电性、导磁性良好的金属材料制作。一般来说，计算机主机机箱铁板越厚，机箱密封性越好，机箱的电磁辐射屏蔽效果就越好。由于加工精度的问题，计算机机箱往往存在缝隙。对机箱缝隙电磁泄漏常用以下方法解决：在缝隙处填充电磁密封衬垫，能够保持缝隙处的导电连续性，能显著减少缝隙的电磁泄漏。常见的电磁密封衬垫是导电橡胶。

温馨提示

长时间接触计算机的人员应注意与计算机保持一定距离，尽量做好防护。

应采用质量有保证的显示器。尽量采用液晶显示器，这样既可以免受电磁辐射，又可以增强显示器的抗磁场干扰性能。

应采用性能好、质量佳的机箱，这样可以最大限度地减少泄漏到环境中的电磁辐射。

使用 CRT 显示器操作计算机时，与显示器的距离应尽量保持在 50 cm 以上。

不要持续长时间在计算机前工作，工作一段时间后，适当活动一下。孕妇应尽量减少在计算机前工作的时间，对于长期使用计算机的人员，不要扒在书桌等距离计算机近的地方休息。

⑳ 家居环境中其他电器的电磁辐射

家居环境中，除了以上提到的射频电磁场以外，还存在着工频电场和工频磁场。产生工频电场和工频磁场较强的电器主要有电热毯、电热水器、电冰箱、电吹风等。由于家庭用电量不断增加，家庭配电箱附近的电磁辐射水平有逐渐增强的趋势。

需要注意的是，各种家用电器都有各自的使用年限，超过使用年限的电器，其内部电气元件会老化，自身电磁屏蔽性能也会下降。

 温馨提示

电吹风是高辐射的家用电器，开启时工频磁场最大，而且功率越大，辐射越强。开启电吹风时尽量注意与头部的距离不要太近，尽量不要连续长时间使用电吹风。

使用电热毯时，应在入睡前切断电热毯的电源。老人和儿童尽量不使用电热毯。购买电热毯时注意查看使用年限，不使用超出使用年限的产品。

在观看电视时，尽量与电视机保持 4 m 以上的距离。

青少年玩电子游戏时间不宜过长，尽量不玩。

电冰箱应尽量放置在厨房等无人长时间逗留的场所。

21 手机信号屏蔽器的电磁辐射

手机信号屏蔽器能发出与手机信号同频率的信号，以无线电波的形式向空中发射，在手机接收信号中形成乱码干扰，导致手机接

收不到基站发出的正常数据信号，从而使手机脱离与基站的通信。处于手机信号屏蔽器作用范围内的手机显示"网络无信号"，或者持续显示"正在连接网络"。

《法制日报》曾有报道称，早在2007年，国家保密局和原信息产业部就联合下发了《保密会议移动通信干扰器产品研制、生产、销售管理规定》（国保发〔2007〕19号）。规定要求，保密会议移动通信干扰器的销售应当从严控制，授权企业在向涉密单位出售产品时，必须查验由涉密单位所在地的市（地）级以上保密工作部门或中央和国家机关保密机构审核批准的《保密会议移动通信干扰器购置审核备案表》，按批准的产品数量和型号销售，并做详细记录。授权企业不得向无有效证明的单位和个人出售产品，也不得以代销形式销售产品。

温馨提示

一般来讲，安装有手机信号屏蔽器的会议室内的电磁辐射功率密度低于国家规定的标准限值。但同时也可以看出，手机信号屏

蔽器运行时，在会议室局部空间中的电磁辐射强度比一般环境有显著增强。开会时，会议室人员密集，手机信号屏蔽器运行中产生的电磁辐射会不会对此环境中人员的身体健康造成危害还有待探讨。

使用手机信号屏蔽器时，应尽量远离人体。在保障手机信号屏蔽器正常工作的情况下，应尽量降低发射功率。为避免使用此类设备，可以将手机收集起来，放在屏蔽盒中。

电磁辐射的防护

第三篇

㉒ 现代企业的电磁防护工作

　　与 20 世纪 80 年代相比，人们所处的电磁环境，特别是工作场所的电磁环境，有了巨大变化，很多产生电磁辐射的企业已经迁至城市的远郊，并且和居民区保持了一定距离。这意味着高频感应加热等电磁辐射源对周边居民的影响已经有很大程度的降低，不会对居民收看电视造成干扰，更不会对周边居民的健康造成危害。但是，很多企业没有将高频感应加热设备、微波设备、发射设备视为电磁辐射源，没有对作业环境进行经常性、制度化的电磁辐射水平检测，也没有采取必要的电磁防护措施。从现代企业发展的角度来说，相关企业应该重视和加强作业环境的电磁防护工作。

　　当工作场所的电磁场强度较大，甚至超过国家标准时，一定要采取多种形式的电磁辐射防护措施。然而，现实中某些工作场所情况相当复杂。比如，手机研发中心的作业环境电磁辐射水平不是很高，仅比一般环境略高，但是科技人员还是有不良反应，如疲劳、头痛等。这种现象是工作场所低强度电磁波导致，是正常的工作疲劳反应，还是其他环境因素所致，或者是以上多种因素共同作用的结果，低强度电磁波在这当中是否起到主导作用，这些都有待进一步研究。但有一点是明确的，那就是该环境确实存在产生电磁波的电子设备，而且工作人员需要长年累月的工作在这种环境中。在不能确认这样强度的电磁波会不会对工作人员身体造成危害的情况下，国际上通常采用谨慎处理的原则，适当采取屏蔽和个体防护措施也许是最明智的选择。

为了保护作业人员的身体健康，企业应加强对工作场所电磁环境的管理。具体做法是：企业应将工作场所的电磁辐射管理作为企业日常运行的一项工作来抓，并且要坚持不懈。特别是工作场所电磁辐射水平较高的企业，应建立工作场所电磁辐射管理制度，根据企业工作场所电磁辐射状况，及时采取电磁辐射控制措施，并对设备（辐射源）和个体进行电磁辐射防护，以保障工作场所作业人员免受电磁辐射的危害。

工作场所电磁辐射管理制度应包含如下内容：

（1）指定专人负责工作环境电磁辐射管理。由于工作场所电磁辐射是一个相对复杂的问题，负责人员需要学习电磁辐射的相关知识，熟悉国家在电磁辐射方面的标准。

（2）定期检测本企业电磁辐射水平。及时跟踪了解本企业各生产环节中，各类设备产生电磁辐射的水平，以及作业人员工作场所的电磁辐射水平，正确判断哪些场所需要做电磁辐射防护，哪些场所不需要。由于设备不断增加，设备运行中参数经常变化，因此也需要对工作场所的电磁辐射水平进行定期监测。

（3）工作场所采取电磁辐射防护措施的依据。判断工作场所是否需要采取电磁辐射防护措施，是一个较为复杂的问题。正确的判断方法是：如果工作场所的电磁辐射水平超过国家标准限值，就应积极采取措施，及时治理；如果未超过，但接近国家标准限值，也可采取一定的措施；如果未超过且远低于国家标准限值，则可以不采取防护措施。

（4）制定企业电磁辐射防护措施。根据企业实际情况、设备以及工作场所的电磁辐射水平，分析工作场所电磁辐射状况，制定出本企业的电磁辐射防护措施。凡经计算或用场强仪测量电磁辐射强度超过国家标准限值的区域，除非有紧急情况，不允许人员在未采取防护措施的情况下进入。

（5）工作场所电磁辐射防护用品的选择和使用。应利用电磁辐射防护用品使辐射危害减至最小；发射天线射束区内的作业人员应穿戴防护用品。

目前，国内已经开发出多种面料的电磁辐射防护服装，其面料是依据电磁辐射防护材料对电磁波的屏蔽或吸收原理制作的。

常见的工作场所电磁辐射防护服装有：连体式电磁辐射防护服装、电磁辐射防护工作套装、电磁辐射防护大褂、电磁辐射防护帽、电磁辐射防护眼镜等。电磁辐射防护眼镜可用于在电磁环境下保护作业人员的眼睛免受伤害。

（6）应该禁止身上带有金属移植性、心脏起搏器等辅助装置的人员进入电磁辐射工作区域。应给受到辐射源、电磁能和高压装置辐射的人员做定期身体检查。

温馨提示

电磁辐射防护措施分为对产生辐射的电子电气设备的主动控制措施和对作业人员的个体防护措施。

电磁辐射个体防护用品主要包括防护服装和防护眼镜。对微波防护眼镜的要求是：透视度要足够高，不影响视线；屏蔽效果要好（原则上应保证屏蔽后场强在国家标准限值以下）；质量轻，镜面启动灵活。

选用电磁辐射个体防护用品时，应首先根据工作场所的电磁辐射强度数值与国家标准限值之间的差值确定电磁辐射的衰减度，然后参照产品说明中对电磁波的衰减参数选用合适的防护用品。

㉓ 需要做电磁辐射防护的工作场所及岗位

原则上说，工作场所的电磁辐射强度值超过国家标准限值时，或者虽然略低于国家标准限值，但是远高于一般环境的电磁辐射强度时，都需要进行电磁辐射防护。

2000年，原国家经贸委印发了《劳动保护用品配备标准（试行）》（国经贸安全〔2000〕189号），该标准中规定下列工种的工作服材质必须符合防辐射要求：超声探伤工、红外线探伤工、载波（微波）操作工、计算机操作工、中频炉工、输配电检修工、输配电巡视工、变电运行工、电缆检修（安装）工、波纹焊接工、微波监测值

机员、有线机务员、电视剪辑员、雷达机务员等；并标明该标准条款适用于中华人民共和国境内所有企业、个体经济组织等用人单位。

根据上述标准，分析归纳目前工作场所电磁环境现状，需要做电磁辐射防护的主要工作场所有：微波、高频感应加热工作场所，医院理疗科的工作场所，广播电视发射机生产调试车间，雷达操作场所，卫星地面站发射机房，电视塔发射机房，电视台、广播电台发射机房，配电室、感应炉等工作场所，航空、航天等科研作业环境，电磁兼容、电磁辐射防护研究单位的作业环境，通信设备调试工作场所，通信企业发射设备调试车间等。

温馨提示

　　一般来说，需要做电磁辐射防护的作业环境多位于电磁场的近区场，近区场是电磁辐射较强的区域。为了保护工作场所作业人员的身体健康，非常有必要对相关工作场所的电磁辐射水平进行测试，然后对照相关的国家标准进行评估，根据工作场所电磁环境评估结果，结合实际情况，采取适宜的电磁防护措施。

㉔ 理疗室工作场所的电磁辐射

　　不同规模的医院、康复中心大都设有理疗室。理疗室内的理疗设备大都运行在高频、短波、超短波或者微波波段。理疗设备在运行时会向周边空间辐射较强烈的电磁波，主要来自理疗设备的治疗探头、射频电缆、设备机箱内的功率放大器和发射部分等。

　　当理疗设备集中在一个小区域使用时，该区域某个工作位置的电磁辐射强度是所有理疗设备电磁辐射强度的总和。理疗设备功率较高时，工作场所的电磁辐射强度有可能超过相应的国家标准规定的限值，这样强度的电磁辐射会对相关人员的身体产生不利影响。

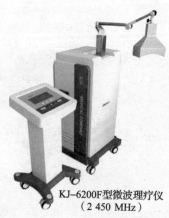

KJ-6200F型微波理疗仪
（2 450 MHz）

温馨提示

医院理疗室的工作间和医院普通诊室一样，基本上都没有采取降低电磁辐射的技术措施，如设备屏蔽、滤波、接地等措施，这样在理疗设备运行中，其主机控制机柜部分、连接馈线部分、射频探头部分均可以产生较高强度的电磁能量，这部分能量在周围空间的辐射是造成理疗室工作场所电磁辐射水平高的主要原因。相当数量的理疗设

备在产品设计环节缺少完善的电磁辐射防护技术保障，造成理疗设备主机机柜控制部分和传输馈线电磁能量的泄漏，在理疗设备周围空间造成电磁污染。因此，要重视理疗工作场所电磁辐射的防护工作。

医院理疗室的医务人员在工作时，应穿着电磁辐射防护服、防护帽，戴电磁防护眼镜。

应尽量将医院理疗室安排在较低楼层，做好接地，使理疗设备的接地电阻值满足射频接地的技术要求。

在理疗室内摆放理疗设备时，应尽量加大各理疗设备之间的距离。

25 电磁屏蔽原理与电磁屏蔽面料

电磁屏蔽理论认为，电磁波传播到屏蔽材料表面时，通常有三种不同的衰减机理：一是未被反射而进入屏蔽体的吸收损耗；二是在入射表面的反射损耗；三是在屏蔽体内部的多重反射损耗。任何电磁屏蔽材料都是基于以上原理实现电磁屏蔽功能的，电磁防护面料也不例外。

屏蔽面料防护性能的好坏用屏蔽效能来描述。屏蔽效能表现了屏蔽体对电磁波的衰减程度，单位为分贝（dB）。

屏蔽效能（Shielding Effectiveness，SE）用公式可表示为：

$$SE=A+R+B$$

式中　SE——电磁屏蔽效能；

A——吸收衰减；

R—— 表面单次反射衰减；

B——内部多次反射衰减。

对于常见的电磁屏蔽面料来说，由于涂覆的导电薄膜或者金属纤维很薄，吸收损耗几乎可以忽略，因此电磁屏蔽面料的屏蔽效能主要取决于电磁波穿过面料的反射损耗。

电磁屏蔽面料的好坏，由材料屏蔽效能指标的高低决定。建议消费者购买电磁辐射防护服装或相关产品时，选择有正规检测单位出具检测报告的产品。电磁防护材料检测方法的依据是《平面型电磁屏蔽材料屏蔽效能测量方法》（GB/T 30142—2013）。

电磁屏蔽面料屏蔽效能定义为屏蔽前某点的场强与屏蔽后该点场强之比。用公式表示为：

$$SE = 20 \lg (E_1/E_2)$$

式中　SE——电磁屏蔽面料的屏蔽效能，单位为分贝（dB）；

　　　E_1——屏蔽前空间某点的电场强度，单位是伏每米（V/m）；

　　　E_2——屏蔽后空间该点的电场强度，单位是伏每米（V/m）。

　　电磁屏蔽面料既具有良好的导电性能，又能保持面料原有的某些特性，因而可以进行粘接、缝制，易于制成不同的几何形状（如导电泡棉、导电胶带）对辐射源进行屏蔽，而且还可以缝制成屏蔽服、屏蔽帽等，使工作人员免受电磁辐射伤害。

　　按照生产制备技术的不同，电磁屏蔽面料可以分为：

　　（1）金属丝和服用纱线的混编织物。金属丝和服用纱线的混编织物是最早使用的电磁屏蔽面料。金属丝主要由铜、镍、不锈钢及其合金制造，特殊场合还采用银丝。这种电磁屏蔽面料防护效果尚可，但手感较硬，又厚又重，服用性能较差，主要用作带电作业服、电磁辐射防护服、保密室墙布和窗帘、精密仪器屏蔽罩、活动式屏蔽帐等。

　　（2）金属纤维混纺织物。为了进一步改善电磁屏蔽面料的服用性，把金属丝拉成纤维状，再同服用纤维混纺，织成混纺织物。选用的金属纤维主要是镍纤维和不锈钢纤维。金属纤维的主要特点是屏蔽效果好、耐高温、强度高、柔软，但弹性差、摩擦大。一般情况下，金属纤维的混合比例为15% ~ 30%。随着金属纤维含量的增加，混纺织物的屏蔽效能也随之增加，屏蔽效能可达到40 dB。根据电磁波屏蔽理论，表面反射损耗与电磁波频率成反比，而混纺织物的电磁屏蔽效果主要依靠对电磁波的反射，所以屏蔽性能随着电磁波频率的增加而有所下降。另外，面料编织紧度和编织方法等也会对屏蔽性能有较大的影响。这种电磁屏蔽面料，主要用作带电作业服、高压静电防护服、抗静电服、电磁辐射防护服、防伪装置、隐形材料、保密室的墙布和窗帘、电缆屏蔽布等。

　　（3）涂镀层屏蔽织物。无论金属丝和服用纱线的混编织物还是金属纤维混纺织物，从其制作工艺上看，都相当于在面料上形成一层对于电磁波起到屏蔽作用的金属丝网，而要想实现对电磁波更好的屏蔽效果，就需要加大网的密度。这样，人们就想到在普通面料上涂镀金属镀层的工艺。这样，就形成了涂镀层防护面料。

最早采用铜镀层涂镀面料，单一铜镀层面料虽然屏蔽性能较高，但是容易被氧化而失去优良的屏蔽效能。由于金属镍的导电能力有限，单一镍镀层面料的屏蔽性能很难得到提高，实际应用较少。后来，采用铜镍复合镀方法涂镀面料，既可以保证面料的电磁屏蔽性能，又可以提高面料抗氧化、抗腐蚀的性能。

铜镍复合镀面料的特点是导电性和电磁屏蔽性能强，抗氧化和抗腐蚀能力强，金属与织物纤维结合牢固，使用寿命长。它不仅可以用于电磁辐射防护服、保密室的墙布和窗帘以及电缆屏蔽，还可以加工成导电胶带、导电泡棉和导电衬垫等，用于高档电子产品（如计算机、移动电话、彩电和微波炉等）内，防止电磁干扰和辐射。

（4）纳米离子和银离子织物。纳米离子和银离子织物也是近年来涌现出来的电磁屏蔽面料。

温馨提示

与薄膜、板材等电磁屏蔽材料相比，电磁屏蔽面料因其独有的柔软性和加工方便的特性，使用越来越广泛，既可以加工成用于电子产品和器件的导电胶带和导电泡棉，又可以做成服装、包装袋、装饰材料，用于满足人们日常生活中对电磁辐射的防护需要。电磁屏蔽材料的屏蔽效能具有频率特性，对不同频段的电磁波，具有不同的屏蔽效能。

头部

身体躯干

　　如果工作中暴露在较高强度的电磁波环境中，就一定要实施电磁防护。一般情况下，防护的重点是人体的躯干部位，应尽量选择那些能够将身体躯干部位全部覆盖的衣服。必要的时候，还应该考虑对头部进行防护，如佩戴电磁防护眼镜和帽子。覆盖的部位越全，防电磁辐射效果越好。

　　空间中的电磁波无处不在，但是在一般情况下，这种电磁辐射的强度很小，不会对人体健康造成伤害，因此不需要采取特殊的防护措施。

26 电磁辐射防护服装的选择

　　由于电磁辐射的危害日渐受到人们的关注，一些企业看到防辐射产品背后的巨大商机，相继研究开发出各类民用防电磁辐射产品。

　　目前，除孕妇外，不少经常使用计算机、手机的办公室文员、网络编辑、广告公司职员等也开始重视自身的安全。应当说，防辐射产品市场蛋糕不小，但如何发掘潜在需求，释放市场潜力，需要切实提高防辐射产品有效性，确保产品质量。

　　经常有人问到，作为缺乏电磁专业知识的消费者，该如何选择真正有防护效果的电磁辐射防护服装呢？在选择电磁辐射防护服装的时候，如何评定其优劣呢？

　　在选购电磁辐射防护服时，应选择屏蔽效能尽可能高的服装面料制成的服装。此外，还应考虑所处电磁环境的主要辐射源频率是多大，确保服装面料在此频率段的屏蔽效能符合要求。

　　曾经有记者针对市场上的电磁防护用品做了专题调查，调查中反映出一些问题：有些生产厂家在宣传产品时，过分夸大产品性能，信口开河，号称其产品能百分之百阻断电磁波，能屏蔽吸收各种频率的电磁波，却并不提供检测报告。有些厂家在宣传时，混淆了两个概念，即制作服装所用面料的屏蔽效能和服装的屏蔽效能。这是两个截然不同的概念，事实上，服装的屏蔽效能要比采用标准测试方法测得的屏蔽织物的屏蔽效能低得多。电磁辐射防护服装并不是一个完全缝补的屏蔽体，它上面有很多开口，如上衣的领口、裤子的腰部、裤腿开口、拉链、衣服对襟等部位，这些衣服上的"漏洞"将使电磁波很容易从服装的各个开口处进入人体，从而使防护服装的屏蔽效果大打折扣。因此，对电磁辐射防护服装的测试是很难进行的，有很多的不确定性。防护服装密封得越好、开口越小，屏蔽效果就越好。

一般电磁屏蔽面料的屏蔽效能在 30 ~ 80 dB 之间，但对于服装来说，裁剪方式比面料的屏蔽效能更重要。

温馨提示

电磁防护服装的屏蔽效能要比采用标准测试方法测得的屏蔽面料的屏蔽效能低得多。在选购电磁辐射防护服装时，应考虑实际需要，考虑所处电磁环境主要辐射源的辐射频率是多少。电磁屏蔽面料中的金属在空气中是可以被氧化的，清洗和摩擦都会减小面料的电磁屏蔽效能，所以，使用时要定期检测，以达到使用效果，或定期更换新的电磁屏蔽面料。

经常使用微波炉或者经常围坐在电磁炉旁进餐的人，应穿着电磁辐射防护服装。由于金属容易被氧化，长时间使用或进行清洗容易使金属残断，导致电磁屏蔽效能降低。

27 特殊人群的电磁防护

大量调查研究表明，女性和儿童对电磁辐射最为敏感，特别

是孕妇和胎儿，更是重点保护
对象。学者韩京秀、曹兆进等
进行了怀孕早期电磁辐射暴露
对异常妊娠结局影响的病例对
照研究，得出这样的结论：怀
孕早期经常使用微波炉和移动
电话，可能显著增加孕妇发生
异常妊娠结局的相对危险性。
建议孕妇尽量避免使用存在

较高电磁辐射强度的电器，或在使用中注意保持一定距离，进行安全
防护。

学者曲英莉进行了电磁辐射对异常妊娠结局影响研究，得出如
下结论：电视、计算机、手机、电磁炉等电器在使用过程中会对孕
妇产生一定的影响，可能会增加自然流产的危险性，妇女怀孕后使
用电器的时间也是影响自然流产的一个重要因素。在今后自然流产
的防治工作中，应加强电磁辐射危害的宣传，使孕妇意识到电磁辐
射的危害性，增强自我保健意识，孕期避免接触或尽量少接触有电
磁辐射污染的电器，避免或减少自然流产的发生。

儿童也是电磁防护的重点人群。由于儿童正处于生长发育阶
段，尤其是神经系统和免疫系统尚未成熟，发育组织的生理活动十
分活跃，因此对环境电磁辐射更加敏感。需要注意的是，儿童对工
频磁场的敏感性在临床上主要表现在儿童白血病患病率增高，暴露
于 0.3 ~ 0.4 μT 工频磁场的儿童将比暴露于小于 0.1 μT 工频磁场的
儿童白血病发病率增加一倍。

温馨提示

孕妇应加强自我防范意识，比常人更要重视生活及工作环境中

的电磁防护。孕妇不要长时间地操作计算机，不要长时间地看电视，应尽量少使用手机和无线电话，尽量少使用电热毯、电磁炉、电火锅，尽量不使用各类理疗设备。长时间接触以上电器时，应穿着电磁辐射防护服。在防护服的选择上，首先应注意查看商品标签是否有服装电磁辐射屏蔽效能的数据，如果没有，应尽量选择覆盖面积大、孔洞少的样式；其次应尽量选择电磁屏蔽效能高的面料制成的服装。

处于发育期的儿童、青少年应尽量减少使用手机、计算机等电子设备的时间。

㉘ 电磁辐射超敏反应综合征

电磁辐射超敏反应综合征（Electromagnetic Hypersensitivity Syndrome，EHS）是电磁辐射健康效应的研究热点。EHS 是指对电磁辐射十分敏感，有些个体虽然电磁辐射的暴露水平并不高，但却主诉一系列躯体化症状（精神或心理体验躯体化症状表现），许多人饱受 EHS 折磨，甚至不能正常工作或生活。EHS 主要涉及神经系统症状，如头痛、压抑、疲劳、萎靡不振、睡眠障碍，皮肤症状如刺痛感、烧灼感、皮疹及肌肉疼痛等许多健康问题。

关于 EHS 的争论已经多年，世界卫生组织曾于 2004 年 10 月在布拉格召开针对 EHS 研究的专门学术会议，总结过去对 EHS 的认知情况，并讨论 EHS 的进一步研究方向。近年来，世界卫生组织以及包括我国在内的很多国家都在开展电磁辐射对人体健康的研究和调查项目。

电磁场对人群的累积负荷量和空间距离、暴露时间有着很大关系。我国居民住宅相对紧凑，建筑层高较低，造成很多家用电器集中摆放在不大的家居空间中，当这些家用电器同时运行时，有可能造成家庭局部空间的电磁辐射水平偏高。

随着移动通信的迅猛发展，移动电话对神经行为及中枢神经系统肿瘤的影响日益受到关注，世界卫生组织（World Health Organization，WHO）编撰了关于移动通信微波健康效应研究的情况说明，并多次召开关于移动通信微波健康效应研究的专门学术会议。虽然这项研究仍存在争议，但是已经有资料表明，移动通信过程中产生的微波辐射可能导致头晕、头痛、记忆力减退、睡眠障碍、情绪波动等神经衰弱症状。

英国《每日邮报》2015 年 11 月 30 日的报道称，年仅 15 岁的少女 Jenny Fry 自 2012 年开始表现出 EHS 的症状，会因为 Wi-Fi 而感到头痛、疲惫、膀胱不适等。虽然 Jenny 的父母坚称她患有 EHS，但是并未有就医纪录或其他医师证明。Jenny 的母亲曾向学校表示 Jenny 有此症状，但导师却以"也有研究表示 Wi-Fi 是安全的"为由，拒绝移除校内 Wi-Fi，致使 Jenny 于 2015 年 6 月选择上吊轻生。

目前 Jenny 的双亲正努力推动托儿所、学校等单位将 Wi-Fi 移除，并要求政府积极开展对 EHS 的研究。他们表示，他们并非是要抵抗科技，而是认为学校应该意识到有些小孩对 Wi-Fi 是很敏感

的，而且也应重视 Wi-Fi 的危险性。

英国有 5% 的民众认为他们自己患有 EHS，不过无论是医学团体还是科学团体，都尚未将 EHS 视为一种病理状态。

目前，我国对这方面的研究很少，建议加强有关 EHS 的研究工作。

温馨提示

体质不同，对电磁辐射的承受能力也不同，应根据自身个体情况，合理做好电磁辐射防护。应特别注意做好儿童、孕妇等敏感人群的电磁辐射防护工作。要重视身边有 EHS 症状的人，一方面要加强电磁辐射防护，另一方面要对他们予以足够的重视和关心，避免悲剧的发生。

29　电磁兼容的概念

生活中，大家都会有这样一种体验。当摩托车或汽车经过时，收音机总会发出同步于摩托车或汽车点火系统的噪声；看电视的时候，如果旁边有人用电吹风，电视机上会出现很明显的波纹干扰；当你陶醉于调频电台美妙音乐的时候，如果打开电脑，或者用手机收发短信、接打电话，你听到的声音中就会有杂音。

以上种种现象，都可以用一个专业的、含义更广泛的术语——"电磁干扰"来描述。

电磁环境对人体健康和处于其中的电子电气设备都有影响。通常，人们更关注电磁环境对人体健康的影响，但也必须重视电磁环境对电子电气设备的影响。这就带来了一门新的学科——电磁兼容学。

电磁兼容一般是指电子电气设备在共同的电磁环境中，能执行各自功能的共存状态，即要求在同一电磁环境中的电子电气设备都能够正常工作又互不干扰，达到"兼容"的状态。

国家标准《电工术语　电磁兼容》（GB/T 4365—2003）对"电磁兼容"的定义是"设备或系统在其电磁环境中能正常工作且不对该环境中任何事物构成不能承受的电磁骚扰的能力"。

现代社会离不开电与磁，电磁波以各种形式无孔不入地渗透到人们生活的各个领域。电磁兼容学是一门研究电磁环境的边缘性学科，又是一门迅速发展的交叉学科，涉及的理论基础包括电磁场与电磁波理论、天线与电波传播、电路理论、材料科学、生物医学等，

涉及的技术领域包括电子信息、通信、广播电视、计算机和信息设备、航空航天、交通、机车、舰船、电力、军事、科学仪器、医疗设备、家用电器等。可以说，电磁兼容学是当前很热门的学科之一。

早在 1934 年，国际电工委员会就成立了无线电干扰特别委员会，专门研究无线电干扰问题，制定相关标准，当时的主旨是确保良好的广播接收效果。经过多年的发展，人们对电磁兼容的认识发生了深刻的变化。1989 年，欧洲共同体委员会颁布了 89/336/EEC 指令，该指令明确规定，自 1996 年 1 月 1 日起，所有电子电气设备必须经过电磁兼容性能的认证，否则将禁止其在欧洲共同体市场销售。此举在世界范围内引起强烈反响，使电磁兼容成为影响世界贸易的一项重要指标。

科技的飞速发展、电子技术的日新月异，使各种电子电气设备的数量迅速增加，而现代家庭中电子电气设备的大量使用，更使得空间电磁环境呈现出拥挤、恶化的状态。

通常所说的电磁环境，是由时间、空间、频谱三个要素构成的。所有电磁兼容问题都离不开这三个要素。

军队更注重电磁环境的兼容性。比如，美国尼米兹号航空母舰长 332.9 m，宽 40.8 m，在这样一个空间内，甲板上下需要装各种收、发信机数十部，各种天线数十副，舰上还有很多其他用电设备。一天 24 小时，尤其是作战时，所有设备都进入工作状态。在这样拥挤的空间内，要使所有设备都能正常运行，就必须做好设备的电磁兼容和系统的电磁兼容。

近年来，电磁兼容学作为一门新兴的综合性交叉学科，正在我国迅速发展，它与电磁环境和电磁频谱资源有着密切的关系。随着微电子技术、机电一体化技术、信息技术、现代通信技术、多媒体技术、航空航天技术和军事技术等许多高新技术的飞速发展和广泛应用，电磁兼容问题已经成为人们迫切需要关注和解决的一个重要技术问题。

任何可能引起装置、设备或系统性能降低，或者对生物或非生物产生不良影响的电磁现象，都叫作电磁骚扰。电磁骚扰可能是电磁噪声、无用信号或传播媒介自身的变化。由电磁骚扰引起的设备、传输通道或系统性能的下降，叫作电磁干扰。电磁骚扰仅仅是电磁现象，即客观存在的一种物理现象，它可能引起降级或损害，但不一定已经形成后果。而电磁干扰则是电磁骚扰引起的后果。也就是说术语"电磁骚扰"和"电磁干扰"分别表示了"起因"和"后果"。在有电磁骚扰的情况下，装置、设备或系统不能避免性能降低的能力叫作电磁敏感度。

家中、办公室里常用的电子电气设备，都要经过相关的电磁兼容测试，满足相关的电磁兼容指标，不符合指标的电子电气设备是不允许出厂的。很多电器产品要出口，也必须经过电磁干扰和抗电磁干扰的测试。

为了使电子电气设备在运行中不产生超过标准的电磁骚扰限值，同时具有一定的抗干扰能力，国际和各国电磁兼容机构制定了很多涉及各种电子电气产品、电子电气设施、电子电气装置的电磁兼容标准和规范。国际和各国电磁兼容相关机构主要有：IEC（国际电工委员会）、CISPR（国际无线电干扰特别委员会）、ISO（国际标准化协会）、ANSI（美国国家标准协会）、VDE（德国电气工程师协会），我国也制定了很多电磁兼容相关的标准。

温馨提示

电磁兼容，简单地说，就是要将电子电气设备工作中产生的电磁泄漏限制在一定水平内，另外，电子电气设备本身要有一定的抗干扰能力。合格的电器产品除了可以完成其功能以外，还要满足电磁兼容的要求，通俗地说，就是电子电气设备应不对其他设备产生干扰，也不被其他设备干扰。

　　我国在加入 WTO 以后，面对的是公平的国际竞争，各国之间唯一的贸易壁垒就是技术壁垒，而电磁兼容指标往往是众多技术壁垒中最难突破的一道。

安全认证标志　　消防认证标志　　电磁兼容标志　　安全与电磁兼容

参考文献

[1] 郝利君，李华芳. 身边的电磁污染及防护［M］. 北京：科学普及出版社，2010.

[2] 赵玉峰，赵冬平，于燕华，等. 现代环境中的电磁污染［M］. 北京：电子工业出版社，2003.

[3] 杨维耿，翟国庆. 环境电磁监测与评价［M］. 杭州：浙江大学出版社，2011.

[4] 胡海翔，李光伟. 电磁辐射对人体的影响及防护［M］. 北京：人民军医出版社，2015.

[5] 李婉晖. 龙岩新罗区移动通信基站电磁辐射环境影响分析［J］. 海峡科学，2015，（7）：8-11.

[6] 康征，易海涛，袁玉明. 北京市 WCDMA 移动通信基站电磁辐射环境监测与分析［J］. 环境工程，2014，32（增刊）：913-916.

[7] 陆智新. 泉州市移动通信基站电磁辐射环境影响分析［J］. 环境监测与管理，2014，26（5）：56-60.

[8] 周聪. 不同类型移动通信基站电磁辐射环境影响研究［D］. 沈阳：沈阳理工大学，2012.

[9] 徐辉，王毅. 中波广播发射塔周边电磁环境场强分析［J］. 城市管理与科技，2005，7（6）：246-247.

[10] 黄听培. 常州市广播电台发射塔电磁辐射调查［J］. 环境监测管理与技术，2000，12（增刊）：29-30.

[11] 王毅，麻桂荣. 中央广播电视发射塔环境电磁辐射测试研究 [J]. 中国环境监测，1997，13（4）.

[12] 陈钧. 家用无线路由器辐射功率多不合格 [J]. 家庭医药·快乐养生，2015，12（5）：60.

[13] 尹宪龙，王溪睿，林殿科：浅析 Wi-Fi 技术中无线路由器的电磁辐射影响 [J]. 环境保护与循环经济，2014，（11）：38-39.

[14] Wertheimer N，Leeper E. Electrical wiring configurations and childhood cancer. American Journal of Epidemiology [J]. Epidemiol，1979（109）：273-284.

[15] ICNIRP. Limiting exposure to time-varying electric, magnetic and electromagnetic fields（up to 300 GHz）. Health Physics，1998，74（4）：494-522.

[16] 王东，郭键锋，刘宝华，黄恒，时劲松，张金帆. 微波炉电磁辐射水平调查 [J]. 中国辐射卫生，2013，33（6）：682-684.

[17] 王东，郭键锋，时劲松，刘宝华. 电磁炉电磁辐射水平调查 [J]. 中国科学导刊，2013，32（2）：109-111.